目　　次

前言 …… Ⅲ
引言 …… Ⅳ
1 范围 ……………………………………………………………………………………………………… 1
2 规范性引用文件 ………………………………………………………………………………………… 1
3 术语和定义 ……………………………………………………………………………………………… 1
4 爆破设计 ………………………………………………………………………………………………… 4
　4.1 一般规定 …………………………………………………………………………………………… 4
　4.2 崩塌滑坡灾害爆破治理设计依据 ………………………………………………………………… 4
　4.3 设计文件组成及要求 ……………………………………………………………………………… 4
　4.4 按崩塌滑坡灾害体规模确定爆破类型 …………………………………………………………… 5
　4.5 装药与填塞设计 …………………………………………………………………………………… 5
5 爆破安全设计 …………………………………………………………………………………………… 14
　5.1 一般规定 …………………………………………………………………………………………… 14
　5.2 爆破落石冲击力 …………………………………………………………………………………… 14
　5.3 拦石槽 ……………………………………………………………………………………………… 14
　5.4 拦石墙 ……………………………………………………………………………………………… 15
　5.5 拦石网 ……………………………………………………………………………………………… 15
　5.6 崩塌滑坡灾害治理爆破有害效应的计算方 ……………………………………………………… 16
　5.7 爆破安全允许距离的确定 ………………………………………………………………………… 18
　5.8 其他要求 …………………………………………………………………………………………… 19
6 爆破安全监测 …………………………………………………………………………………………… 19
　6.1 一般规定 …………………………………………………………………………………………… 19
　6.2 资料收集 …………………………………………………………………………………………… 19
　6.3 监测内容 …………………………………………………………………………………………… 19
　6.4 崩塌滑坡灾害体未爆破部分的监测 ……………………………………………………………… 19
　6.5 对周围被保护对象的监测 ………………………………………………………………………… 20
　6.6 对拦石网防护结构物的监测 ……………………………………………………………………… 21
　6.7 对拦石墙防护结构物的监测 ……………………………………………………………………… 21
　6.8 爆破冲击波监测 …………………………………………………………………………………… 21
　6.9 爆破引起的噪声监测 ……………………………………………………………………………… 22
　6.10 监测数据分析与反馈 ……………………………………………………………………………… 22
附录A（规范性附录）　电力起爆网路电阻计算、流经每发雷管电阻计算及电力起爆网路联接示
　　　　　　　　　　　意图 ……………………………………………………………………………… 23
附录B（规范性附录）　导爆索起爆网路 ……………………………………………………………… 25
附录C（规范性附录）　导爆管起爆网路 ……………………………………………………………… 26

Ⅰ

附录 D（规范性附录） 工业数码电子雷管起爆网路 ……………………………………………… 27

附录 E（规范性附录） 无线系统起爆网路 …………………………………………………………… 28

前　言

本规范按照 GB/T 1.1—2009《标准化工作导则　第 1 部分：标准的结构和编写》给出的规则起草。

本规范附录 A、B、C、D、E 均为规范性附录。

本规范由中国地质灾害防治工程行业协会提出和归口。

本规范起草单位：重庆市爆破工程建设有限责任公司、中国爆破行业协会、山东大学、重庆建工集团股份有限公司、重庆城建控股（集团）有限责任公司、重庆交通大学、重庆市基础工程有限公司。

本规范主要起草人：孟祥栋、汪旭光、李术才、汪龙、龚文璞、李利平、杨寿忠、陈代耘、高荫桐、唐先泽、张庆明、张学富、王成、李明、涂忠仁、江保富、赵勇。

本规范由中国地质灾害防治工程行业协会负责解释。

引 言

为了指导崩塌滑坡灾害治理的爆破设计，明确崩塌滑坡灾害爆破治理设计的要求、依据、内容和技术规定，保证设计依据充分、安全可靠、技术先进、经济合理、环保可行，特制定本规范。

崩塌滑坡灾害爆破治理工程设计应在不断总结实践经验和研究成果的基础上，宜采用新技术、新设备、新工艺和新材料。崩塌滑坡灾害爆破治理工程设计除应符合本规范外，还应符合国家现行有关地质灾害防治的标准和规范。

崩塌滑坡灾害爆破治理工程设计规范(试行)

1 范围

本规范适用于滑坡、崩塌体、危岩等地质灾害采用爆破方法治理的工程设计,包括崩塌滑坡灾害体治理工程的爆破设计、安全设计和安全监测的技术要求。

2 规范性引用文件

下列文件对于本规范的应用是必不可少的,其最新版本(包括所有的修改)适用于本规范。
GB 6722 爆破安全规程
GB/T 32864 滑坡防治工程勘查规范
GA 53 爆破作业人员资格条件和管理要求
GA 990 爆破作业单位资质条件和管理要求
GA 991 爆破作业项目管理要求
JTG D30 公路路基设计规范
JT/T 528 公路边坡柔性防护系统构件
TB/T 3089 铁路沿线斜坡柔性安全防护网

3 术语和定义

下列术语和定义适用于本规范。

3.1
崩塌滑坡灾害爆破治理 rockfall and landslide treated by blasting
用爆破方法对危岩、滑坡、崩塌体等地质灾害的消除、加固、防护等工作。

3.2
崩塌滑坡灾害体 rockfall and landslide fields
危岩、滑坡、崩塌体等地质灾害范围内存在安全隐患的不稳定体。

3.3
危岩 rockmass prone to rockfall
被多组结构面切割分离,稳定性差,可能以倾倒、坠落或塌滑等形式发生崩塌的地质体。

3.4
滑坡 landslide
斜坡上的土体或者岩体,在重力等因素作用下,沿一定的软弱面或者软弱带,产生以水平运动为主的滑移破坏,整体顺坡向下运动的地质现象。

3.5
崩塌体 collapsed stone

危岩体离开母岩下落后堆积于坡脚而形成的岩堆。

3.6
爆破作业 blasting

利用炸药的爆炸能量对介质做功，以达到预定工程目标的作业。

3.7
爆破作业单位 blasting unit

持有爆破作业单位许可证从事爆破作业的单位，分非营业性和营业性两类。非营业性爆破作业单位是指为本单位的合法生产活动需要，在限定区域内自行实施爆破作业的单位；营业性爆破作业单位是指具有独立法人资格，承接爆破作业项目设计施工、安全评估、安全监理的单位。

3.8
爆破工程技术人员 blasting engineering and technical personnel

具有爆破专业知识和实践经验并通过考核，获得从事爆破工作资格证书的技术人员。

3.9
爆破作业人员 blasting personnel; personnels engaged in blasting operations

从事爆破作业的爆破工程技术人员、爆破员、安全员和保管员。

3.10
岩土爆破 rock blasting

利用炸药的爆炸能量对岩土介质做功，以达到预期工程目标的作业。

3.11
露天爆破 surface blasting

在地表进行的岩土爆破作业。

3.12
露天浅孔爆破 shallow hole blasting

炮孔直径小于或等于50 mm，深度小于或等于5 m的爆破作业。

3.13
露天深孔爆破 deep hole blasting

炮孔直径大于50 mm，并且深度大于5 m的爆破作业。

3.14
露天裸露爆破 open exposed blasting

将药包放在需爆破岩体的凹槽处、裂隙发育部位、孤石或块石的中部，并应用黏土覆盖后引爆。此法耗药量大，且其爆破效果不易控制，岩石易飞散较远造成事故。

3.15
静态爆破 soundless cracking

利用静态破碎剂的水化反应体积膨胀对约束体作用而产生破坏做功的破岩技术。

3.16
爆破有害效应 adverse effects of blasting

爆破时对爆区附近保护对象可能产生的有害影响，如爆破引起的振动、个别飞散物、空气冲击波、噪声、水中冲击波、动水压力、涌浪、粉尘、有害气体等。

3.17

爆破作业环境 blasting circumstances

爆区及其周围影响爆破安全的自然条件、环境状况。

3.18

光面爆破 smooth blasting

沿开挖边界布置密集炮孔，采取不耦合装药或装填低威力炸药，在主爆区之后起爆，以形成平整轮廓面的爆破作业。

3.19

预裂爆破 presplitting blasting

沿开挖边界布置密集炮孔，采取不耦合装药或装填低威力炸药，在主爆区之前起爆，从而在爆区与保留区之间形成预裂缝，以减弱主爆孔爆破对保留岩体的破坏并形成平整轮廓面的爆破作业。

3.20

复杂环境爆破 blasting in complicated surroundings

在爆区边缘 100 m 范围内有居民集中区、大型养殖场或重要设施的环境中，采取控制有害效应措施实施的爆破作业。

3.21

延时爆破 delay blasting

采用延时雷管使各个药包按不同时间顺序起爆的爆破技术，分为毫秒延时爆破、秒延时爆破等。

3.22

爆破器材 blasting materials and accessories；blasting supplies

工业炸药、起爆器材和器具的统称。

3.23

起爆方法 method of initiation

利用起爆器材激发工业炸药爆炸的方法。

3.24

起爆网路 firing circuit；initiating circuit

向多个起爆药包传递起爆信息和能量的系统，包括电雷管起爆网路、导爆管雷管起爆网路、导爆索起爆网路、混合起爆网路和数码电子雷管起爆网路等。

3.25

爆破振动 blast vibration

爆破引起传播介质沿其平衡位置做直线或曲线往复运动的过程。

3.26

应急预案 emergency response plan

事先制订的针对生产安全事故发生时进行紧急救援的组织、程序、措施、责任以及协调等方面的方案和计划。

3.27

爆破监测 blasting monitor

采用专用的爆破测试设备，在爆破作业时直接测定影响被保护对象的稳定性和完整性的数据过程。

4 爆破设计

4.1 一般规定

4.1.1 爆破设计单位的资质条件和管理必须符合《爆破作业单位资质条件和管理要求》(GA 990)的要求;爆破设计人员的资格条件和管理必须符合《爆破作业人员资格条件和管理要求》(GA 53)的要求。

4.1.2 凡没有资质的第三方爆破安全评估报告或未通过专家评审的爆破安全评估报告均为无效。

4.1.3 崩塌滑坡灾害爆破治理工程设计应综合考虑崩塌滑坡灾害体稳定状况、环境条件、爆破施工技术水平以及后期维护条件等,采取针对性的爆破设计。

4.1.4 地质环境复杂的爆破治理工程设计应进行专门论证,论证专家人数一般不少于5人。

4.2 崩塌滑坡灾害爆破治理设计依据

a) 委托单位提供的关于爆破对象的地质灾害评估报告；
b) 崩塌滑坡灾害爆破治理工程项目的审批文件；
c) 爆破设计单位与委托单位签订的爆破治理设计合同书及项目招标文件；
d) 崩塌滑坡灾害体的环境勘察资料,包括爆破区域地形图,附近建(构)筑物的设计文件、图纸及现场实测、复核资料；
e) 崩塌滑坡灾害体的结构与性质,包括爆破区域不良地质类型、位置及分布情况；
f) 爆破有害效应影响区域内保护对象的分布及控制要求。

4.3 设计文件组成及要求

4.3.1 爆破设计文件应由说明书和图纸两部分组成,其中说明书中应包括:

a) 工程概况、环境与技术要求,即爆破治理对象、爆破治理环境概述和爆破治理工程的质量、工期和安全要求；
b) 崩塌滑坡灾害体的结构特征、材料性质和爆破工程量计算依据及方法；
c) 爆破治理技术方案,即方案比较、选定方案的钻爆参数计算及爆破参数取值表；
d) 起爆网路设计与计算；
e) 爆破安全及防护设计与计算；
f) 爆破监测的测点布置及监测要求。

4.3.2 爆破治理设计图纸应包括:

a) 1∶500爆破环境总平面图；
b) 1∶500爆破区域划分总体图；
c) 1∶200爆破区域的地形地质图；
d) 崩塌滑坡灾害体结构图及不良地质分布图；
e) 药包或炮孔布置平面图和剖面图；
f) 装药和填塞结构图；
g) 起爆网路敷设图；
h) 1∶1 000爆破安全范围及岗哨布置图；
i) 防护工程设计图；

j) 监测点类型及分布图。

4.4 按崩塌滑坡灾害体规模确定爆破类型

4.4.1 崩塌滑坡灾害体规模分为巨型、大型、中型和小型4个类型,滑坡和崩塌灾害分类见表1。

表1 滑坡和崩塌灾害体类型

类型	滑坡/万 m³	崩塌/万 m³
巨型	≥1 000	≥100
大型	100～1 000	10～100
中型	10～100	1～10
小型	<10	<1

4.4.2 爆破类型分为露天深孔爆破、露天浅孔爆破、露天裸露爆破、光面爆破、预裂爆破和静态爆破6种,应按表2确定崩塌滑坡灾害治理的爆破类型。

表2 崩塌滑坡灾害治理的爆破类型选取

灾害名称	灾害分级	露天深孔爆破	露天浅孔爆破	露天裸露爆破	光面爆破	预裂爆破	静态爆破
滑坡	巨型	√	○	×	√	√	×
	大型	√	○	×	√	√	×
	中型	○	√	×	○	○	×
	小型	○	√	○	×	×	○
崩塌、危岩	巨型	√	○	×	√	√	×
	大型	√	○	×	√	√	×
	中型	○	√	×	○	○	×
	小型	○	√	○	×	×	○

注1:√表示应用,○表示可用,×表示不宜用。
注2:环境条件复杂时,爆破方案须经过有资质单位的爆破评估或专家论证确定。

4.5 装药与填塞设计

4.5.1 一般规定

4.5.1.1 设计炮孔时应仔细复核崩塌滑坡灾害体的勘察资料及不良地质类型与位置,确定最小抵抗线,避免发生冲炮事故。

4.5.1.2 装药结构设计与填塞方式应充分考虑不良地质特征及周围环境保护的影响,应结合抢险救灾情况以及专家现场论证意见在正向装药与反向装药、耦合装药与不耦合装药、连续装药与分段装药结构中选择。

4.5.1.3 装药结构设计与填塞方式应与安全防护能力相协调。

4.5.1.4 排危除险爆破方式可以采用台阶爆破中的露天深孔爆破或者露天浅孔爆破形式进行,装药量计算除了达到灾害治理的目的外,还应充分考虑保留体区域岩体的稳定性,避免出现二次灾害。

4.5.2 露天深孔爆破设计

4.5.2.1 爆破参数

崩塌滑坡灾害体露天深孔爆破台阶要素见图1,主要参数包括:台阶高度 H、坡面角 α、炮孔直径 D、孔深 L、超深 h、底盘抵抗线 W_1、孔距 a、排距 b、装药长度 l_1、填塞长度 l_2、从钻孔中心至灾害体顶边缘的安全距离 B、装药密度 Δ、延米炮孔长度装药量 q_1 和单位炸药消耗量 q。各参数在施工中的误差一般控制在5%以内。

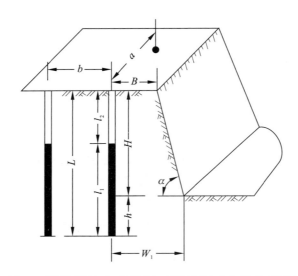

图1 崩塌滑坡灾害体露天深孔爆破台阶要素图

4.5.2.1.1 炮孔直径

炮孔直径 D 根据由崩塌滑坡灾害处置类型选定的钻机型号、崩塌滑坡灾害体高度和岩石性质综合确定。

4.5.2.1.2 孔深和超深

孔深 L 由崩塌滑坡灾害体台阶高度和超深确定。

垂直深孔孔深:

$$L = H + h \qquad\qquad (1)$$

倾斜深孔孔深:

$$L = (H + h)/\sin\alpha \qquad\qquad (2)$$

式中:

L——孔深,单位为米(m);

H——台阶高度,单位为米(m);

h——超深,单位为米(m);

α——坡面角,单位为度(°)。

超深 h 可按 $10D$ 估算,后排超深值一般比前排小 0.5 m。

4.5.2.1.3 底盘抵抗线

底盘抵抗线 W_1 根据不同要求,有下列不同计算方法。

a) 按钻孔作业的安全条件计算

$$W_1 \geqslant H\cot\alpha + B \quad\quad\quad\quad\quad\quad (3)$$

b) 按崩塌滑坡灾害体高度计算

$$W_1 = 0.9H \quad\quad\quad\quad\quad\quad (4)$$

c) 按每孔装药条件(巴隆公式)计算

$$W_1 = D\sqrt{\frac{7.85\Delta\tau}{qm}} \quad\quad\quad\quad\quad\quad (5)$$

式中：

τ——装药系数(装药长度与炮孔长度之比,l_1/L),一般取 τ 为 0.35~0.65；

m——炮孔密集系数,一般取 $m=1.2$；

q——单位炸药消耗量,单位为千克每立方米(kg/m^3),可按表3取用。

设计时可采用上述公式计算最大值作为采用值。

表3 单位炸药消耗量表

岩石坚固性系数 f	0.8~2.0	3~4	5	6	8	10	12	14	16	20
q/kg·m^{-3}	0.40	0.45	0.50	0.55	0.61	0.67	0.74	0.81	0.88	0.98

注1：单位炸药消耗量 q 指将被爆体爆破成预计状态的单位被爆体所消耗的炸药量,主要影响因素有被爆体可爆性、炸药特性、自由面条件、起爆方式和块度要求。

注2：岩石坚固性系数取自王旭光主编《爆破设计与施工》,2012。

4.5.2.1.4 炮孔密集系数

露天深孔爆破炮孔密集系数 m 指炮孔的孔距 a 与排距 b 之比,即 a/b。

4.5.2.1.5 孔距和排距

孔距是指同一排深孔中相邻两钻孔中心线间的距离,可按下式计算：

$$a = mW_1 \quad\quad\quad\quad\quad\quad (6)$$

排距是指多排孔爆破时,相邻两排钻孔间的距离,与孔网布置和起爆顺序等因素有关,计算方法如下。

a) 等边三角形布孔时,排距与孔距的关系为：

$$b = 0.866a \quad\quad\quad\quad\quad\quad (7)$$

b) 多排孔爆破时,孔距和排距是一个相关的参数。在给定的孔径条件下,每个孔有一个合理的负担面积,即

$$b = \sqrt{\frac{S}{m}} \quad\quad\quad\quad\quad\quad (8)$$

式中：

S——炮孔负担面积,等于孔距与排距的乘积,单位为平方米(m^2)。

4.5.2.1.6 装药密度和延米炮孔长度装药量

装药密度 Δ 指炮孔内按照规定完成装药后的炸药状态体积密度,一般可取值 950 kg/m^3。

延米炮孔长度装药量 q_1 指按照规定完成装药后的每延米炮孔内的装药量,可按下式计算：

$$q_1 = \frac{1}{4}\pi D^2 \Delta \quad\quad\quad\quad\quad\quad (9)$$

4.5.2.1.7 单孔装药量

单排炮孔单孔装药量或多排炮孔爆破的第一排单孔装药量 Q 按下式计算：

$$Q = qaW_1H \qquad\qquad (10)$$

多排炮孔爆破时，从第二排起，由于前面各排孔的岩体阻力作用，需考虑增加系数 k，单孔装药量按下式计算：

$$Q = kqabH \qquad\qquad (11)$$

式中：

k——增加系数，一般可取值 1.2。

4.5.2.1.8 装药长度

装药长度指炮孔内按照规定完成装药后炸药在炮孔内的长度，可按下式计算：

$$l_1 = \frac{Q}{q_1} \qquad\qquad (12)$$

4.5.2.1.9 填塞长度

填塞长度指为提高爆破效果而装填的非炸药材料（如炮泥）的长度，可按下式计算：

$$l_2 = L - l_1 \qquad\qquad (13)$$

另外填塞长度还可以按底盘抵抗线或炮孔直径按下式估算：

$$l_2 = 0.9W_1 \qquad\qquad (14)$$

或

$$l_2 = 30D \qquad\qquad (15)$$

4.5.2.2 崩塌滑坡灾害体深孔装药填塞设计

连续装药结构，即沿着炮孔轴线方向连续装填，当孔深超过 8 m 时，可布置两个起爆药包，一处设在距孔底 0.3 m 处，另一处设在距药柱顶端 0.5 m 处。

充分考虑崩塌滑坡灾害体的不良地质特征和周围环境保护要求，可采用分段装药结构，即深孔中的药柱分为多段，采用空气或岩渣等隔开。

4.5.2.3 崩塌滑坡灾害体深孔起爆网路设计及计算

4.5.2.3.1 设计原则

起爆网路的选择应充分考虑崩塌滑坡灾害体结构面分布特征和周围环境条件综合确定。

崩塌滑坡灾害治理爆破的起爆网路优先采用可靠性较高的电力起爆网路、数码电子雷管起爆网路和无线系统起爆网路。

4.5.2.3.2 常用起爆设计

露天深孔爆破起爆方式有电力起爆、导爆索起爆、导爆管起爆、数码电子雷管起爆以及无线系统起爆等方式。

a) 电力起爆网路

电力起爆网路可分为串联电爆网路、并联电爆网路、串并联电爆网路、并串联电爆网路和并串并联电爆网路等形式，其网路联接示意图、网路电阻计算以及流经每发雷管的电流计算方法详见图 A.1～图 A.5。

b) 导爆索起爆网路

导爆索起爆网路可利用导爆索继爆管组成分段并联起爆网路，其连接方式可分为开口延时起爆网路和环形延时起爆网路，设计时能满足顺利引爆导爆索要求。网路联接示意图详见图 B.1。

c) 导爆管起爆网路

崩塌滑坡灾害体导爆管起爆网路设计可采用导爆管接力起爆网路、导爆管复式接力起爆网路、导爆管交叉复式接力起爆网路和导爆管双复式交叉接力起爆网路。网路联接示意图详见图 C.1～

图 C.4。

    d) 数码电子雷管起爆网路

设计计算同电爆网路设计,施工网路图可参考图 D.1~图 D.2 进行。

    e) 无线系统起爆网路

设计和计算同数码电子雷管起爆网路,施工网路图可参考图 E.1 进行。

4.5.3 露天浅孔爆破设计

4.5.3.1 爆破设计参数

崩塌滑坡灾害体露天浅孔爆破设计参数的计算方法与露天深孔爆破相同(图1),但是参数的取值不同。

4.5.3.1.1 孔径

根据崩塌滑坡灾害体类型选取的钻机确定,孔径多为 36 mm~42 mm,药卷直径一般为 32 mm~35 mm。

4.5.3.1.2 孔深和超深

孔深 L 可按式(1)计算,台阶高度 H 一般不超过 5 m。超深 h 可按 $0.15H$ 计算。

4.5.3.1.3 底盘抵抗线

$$W_1 = 0.8H \quad \quad \quad \quad \quad \quad (16)$$

4.5.3.1.4 孔距

$$a = W_1 \quad \quad \quad \quad \quad \quad (17)$$

或

$$a = 0.5L \quad \quad \quad \quad \quad \quad (18)$$

4.5.3.1.5 单位炸药消耗量

根据崩塌滑坡灾害体的岩体性质和结构状态,台阶浅孔爆破的炸药单耗值 $q=1.0 \text{ kg/m}^3$。

4.5.3.2 崩塌滑坡灾害体浅孔装药填塞设计

装药填塞采用连续装药结构,为避免残留根底情况,炮孔底部装药可取 60%~80% 的单孔装药量。

4.5.3.3 露天浅孔爆破起爆网路设计及计算

露天浅孔爆破起爆网路设计及计算与露天深孔爆破起爆网路设计及计算相同。

4.5.4 光面爆破设计

4.5.4.1 光面爆破参数

4.5.4.1.1 钻孔直径

露天深孔爆破时,钻孔直径可取 $D=80$ mm;露天浅孔爆破时,可取 $D=50$ mm。

4.5.4.1.2 台阶高度

台阶高度 H 与主体石方爆破台阶相同,一般深孔取 $H \leqslant 15$ m,浅孔取 $1.5 \text{ m} \leqslant H \leqslant 5 \text{ m}$。

4.5.4.1.3 炮孔超深

炮孔超深一般取 0.5 m~1.5 m,孔深大和岩石坚硬完整时取大值,反之取小值。

4.5.4.1.4 最小抵抗线

$$W_g = K_1 a_g \quad \quad \quad \quad \quad \quad (19)$$

式中:

W_g——光面爆破最小抵抗线,单位为米(m);

K_1——计算系数,一般 K_1 取值 1.5～2.0,孔径大取小值,反之取大值;

a_g——光面爆破孔距,单位为米(m)。

4.5.4.1.5 孔距

$$a_g = mW_g \quad \quad \quad (20)$$

式中:

m——炮孔密集系数,一般取值 0.8。

4.5.4.1.6 炮孔长度

$$L_0 = (H+h)/\sin\beta \quad \quad \quad (21)$$

式中:

L_0——炮孔长度,单位为米(m);

β——边坡钻孔角度,单位为度(°)。

4.5.4.1.7 光面爆破装药量

光面爆破装药量计算分为线装药密度和单孔装药量的计算。

a) 线装药密度的计算

$$q_g = K_g a_g W_g \quad \quad \quad (22)$$

式中:

K_g——经验系数,可取 140 g/m³～300 g/m³,岩石坚硬取大值,反之取小值。

b) 单孔装药量的计算

$$Q_g = q_g L \quad \quad \quad (23)$$

式中:

Q_g——光面爆破的单孔装药量,单位为克(g);

q_g——光面爆破的线装药密度,单位为克每米(g/m)。

4.5.4.2 光面爆破装药填塞设计

4.5.4.2.1 光面爆破宜采用普通炸药卷和导爆索制成的药串间隔装药,也可用光面爆破专用炸药连续装药。

4.5.4.2.2 一般采用不耦合装药,不耦合系数为 2～5。

4.5.4.2.3 装药结构宜分为底部加强装药段、正常装药段和上部减弱装药段,减弱装药段长度为加强装药段长度的 1～4 倍,相应减少的装药量和孔口填塞段应计的药量移至加强装药段。

4.5.4.2.4 炮孔底部增加的装药量经验值可参考表 4 选取。

表 4 光面爆破炮孔底部加强装药段药量增加表

炮孔深度 L_0/m	<3	3～5	5～10	10～15	15～20
L_1/m	0.2～0.5	0.5～1.0	1.0～1.5	1.5～2.0	2.0～2.5
q_{g1}/q_g	1.0～1.5	1.5～2.5	2.5～3.0	3.0～4.0	4.0～5.0

注:L_1 为底部加强装药段长度,单位为米(m);q_{g1} 为光面爆破孔加强段线装药密度,单位为克每米(g/m);q_g 为光面爆破孔正常段线装药密度,单位为克每米(g/m)。

4.5.4.3 光面爆破起爆网路设计及计算

4.5.4.3.1 光面爆破宜与主体爆破一起分段延期起爆,也可预留爆层在主体爆破后起爆。

4.5.4.3.2 起爆网路宜采用导爆索连接,组成同时起爆或多组接力分段起爆网路。

4.5.4.3.3 外部环境不宜采用导爆索网路时,宜用相应段别的电雷管或非电导爆管雷管直接绑于孔内药串上起爆。

4.5.5 预裂爆破设计

4.5.5.1 一般规定

预裂爆破炮孔应沿设计开挖边界布置,炮孔底应位于同一高程上。

炮孔直径可根据爆破台阶高度、地质条件和钻机设备确定。

预裂孔与主炮孔之间应符合下列关系:两者应有一定距离,该距离与主炮孔药包直径及单段最大起爆药量有关,可根据相关经验值按表5选取。

预裂爆破时,预裂孔的布置界限应超出主体爆破区,宜向主体爆破区两侧各延伸 5 m~10 m。缓冲孔位于预裂孔和主炮孔之间,设 1~2 排。

预裂爆破和主体爆破同次起爆时,预裂爆破的炮孔应在主体爆破前起爆,超前时间不宜小于 75 ms。

表5 常见岩石爆破经验值

岩石类别	极限抗压强度/MPa	参数	钻孔直径 D/mm				
			50	75	100	125	150
坚石	>60	a	0.45~0.65	0.75~0.95	1.10~1.30	1.45~1.65	1.80~2.10
		q'	215~340	355~560	390~620	485~765	555~875
		q''	$L>10$ m,$q''=5q'$;L 为 5 m~10 m,$q''=4q'$;L 为 3 m~5 m,$q''=3q'$				
次坚石	30~60	a	0.40~0.50	0.65~0.75	0.90~1.10	1.20~1.40	1.50~1.80
		q'	155~215	250~355	280~390	345~485	395~555
		q''	$L>10$ m,$q''=4q'$;L 为 5 m~10 m,$q''=2.5q'$;L 为 3 m~5 m,$q''=q'$				
软石	5~30	a	0.30~0.40	0.50~0.60	0.75~0.85	0.90~1.20	1.20~1.50
		q'	60~155	100~250	115~280	140~345	160~395
		q''	$L>10$ m,$q''=3q'$;L 为 5 m~10 m,$q''=2q'$;L 为 3 m~5 m,$q''=q'$				

注1:a 为钻孔间距,单位为米(m);q' 为线装药密度(全孔装药扣除底部增加装药量除以装药段长度),单位为克每米(g/m);q'' 为孔底装药密度,单位为克每米(g/m)。
注2:表列中 q' 按40%耐冻胶质炸药计(其他炸药按当量换算),并以不耦合系数在2~3之间为选用条件。
注3:堵塞长度在 0.8 m~1.3 m 间选取。

4.5.5.2 预裂爆破参数选择

预裂爆破主要参数的确定方法有3种:理论计算法、经验公式计算法和工程类比法。

4.5.5.2.1 理论计算法

a) 预裂孔同时起爆,并满足以下力学方程:

$$\sigma_r \leqslant \sigma_Y; \quad \sigma_T \leqslant \sigma_L \quad \quad \quad (24)$$

式中:

σ_r——预裂孔壁受到的最大径向压应力,单位为兆帕[斯卡](MPa);

σ_T——预裂孔壁连心线上岩体受到的切向最大拉应力,单位为兆帕[斯卡](MPa);

σ_Y——岩石的极限抗压强度,单位为兆帕[斯卡](MPa);

σ_L——岩石的极限抗拉强度,单位为兆帕[斯卡](MPa)。

b) 装药密度

根据炮孔内冲击应力波作用理论,在保证孔壁岩体不被压碎的条件下,可求得装药密度:

$$\Delta = 1.6 \times \frac{[(\sigma_Y/10) \times (2.5 + \sqrt{6.25 + 1400/(\sigma_Y/10)})]}{100 \times Q_B} \quad \cdots\cdots (25)$$

式中:

Δ——装药密度,单位为克每立方厘米(g/cm³);

Q_B——炸药的爆热,单位为千焦[耳]每千克(kJ/kg)。

c) 炮孔间距

$$a = 1.6 [(\sigma_Y/\sigma_L)\nu/(1-\nu)]^{\frac{2}{3}} D \quad \cdots\cdots (26)$$

式中:

a——炮孔间距,单位为厘米(cm);

ν——岩石的泊松比。

4.5.5.2.2 经验公式计算法

线装药密度 q_x 的经验公式可参考下列公式计算。

a) 长江科学院计算式

$$q_x = 0.034 (\sigma_Y)^{0.63} D^{0.67} \quad \cdots\cdots (27)$$

b) 葛洲坝工程局计算式

$$q_x = 0.0367 (\sigma_Y)^{0.5} D^{0.36} \quad \cdots\cdots (28)$$

c) 武汉水利电力大学计算式

$$q_x = 0.127 (\sigma_Y)^{0.5} a^{0.84} (D/2)^{0.24} \quad \cdots\cdots (29)$$

式中:

q_x——线装药密度,单位为千克每米(kg/m)。

4.5.5.2.3 工程类比法

根据完成的工程实际经验资料,结合地形地质条件、钻孔机械、爆破要求及爆破规模等进行类比,是预裂爆破参数选择的有效方法。

4.5.5.3 预裂爆破装药填塞设计

4.5.5.3.1 装药结构宜分为底部加强装药段、正常装药段和上部减弱装药段,在保证填塞长度条件下,三者长度比例可取 2:5:3 经验分配。

4.5.5.3.2 炮孔底部增加的装药量经验值可参考表6选取。

表6 预裂爆破炮孔底部加强装药段药量增加表

炮孔深度 L/m	<3	3～5	5～10	10～15	15～20
L_1/m	0.2～0.5	0.5～1.0	1.0～1.5	1.5～2.0	2.0～2.5
q_{y1}/q_y	1.0～2.0	2.0～3.0	3.0～4.0	4.0～5.0	5.0～6.0

注:L_1 为底部加强装药段长度,单位为米(m);q_{y1} 为预裂爆破孔加强段线装药密度,单位为克每米(g/m);q_y 为预裂爆破孔正常段线装药密度,单位为克每米(g/m)。

4.5.5.4 预裂爆破起爆网路设计及计算

预裂爆破起爆网路设计及计算参照光面爆破的方法执行。

4.5.6 静态爆破设计

4.5.6.1 静态爆破参数设计

4.5.6.1.1 炮孔排列

一般按照矩形或者梅花形进行排列。

4.5.6.1.2 孔距

静态爆破不同对象孔距差距较大,宜按照选定的静态破碎剂类型,在与崩塌滑坡灾害体性质相类似的另外一个安全地方的岩体上试验取得。

4.5.6.1.3 排距和最小抵抗线

多排布孔时,排距选择方式与孔距选取原则相同,一般排距略小于孔距。

最小抵抗线值根据介质的强度、形态、孔径、节理以及破碎块度要求综合确定,经验值见表7。

表7 静态破碎最小抵抗线值

破碎对象	最小抵抗线值/cm
软岩	40~60
中、硬岩	30~40

4.5.6.1.4 静态爆破药量计算

静态爆破药量需基本填满空孔,用药量 Q 可按下式计算:

$$Q = Vq \quad\quad\quad\quad\quad (30)$$

式中:

V——破碎体体积,单位为立方米(m^3);

q——单位体积用药量,单位为千克每立方米(kg/m^3),可参考表8取值。

表8 单位体积药量取值表

破碎体类型	单位体积用药量/kg·m^{-3}
软质岩石	8~10
中硬质岩石	10~15
硬质岩石	12~20

4.5.6.2 静态爆破填孔要求

孔内应清理干净,不得有水或杂物。

对于垂直孔,可直接倒入孔内,并用木棍捣实;对于水平孔或斜孔,可用挤压或灌浆泵压入孔内,并用快凝砂浆或泡沫塑料塞子迅速堵口,或用干稠的胶体(水灰比为0.25)搓成条塞入孔中用木棍捣实,或将胶体装入塑料袋(筒)中,用木棍送入炮孔内,药面高度应比孔口低2 cm。

分层(分次)破碎时,外排孔装药12 h后,再装填里排孔。

夏季或快速破碎时用草袋、纸板等物覆盖。搅拌后的浆体须尽可能在浆体发烫前灌入孔内。

4.5.6.3 静态爆破养护要求

春、夏、秋季及室内不必养护。冬季10 ℃以下用草袋等覆盖保温,待裂纹出现后,向孔上喷洒热水以加快裂缝发展。在负温下施工时,需覆盖保温。

4.5.7 露天裸露爆破设计

露天裸露爆破设计应根据崩塌滑坡灾害体的稳定性及周围环境复杂情况,经专家论证确定相关参数。

5 爆破安全设计

5.1 一般规定

5.1.1 崩塌滑坡灾害体的爆破工程应设计临时或永久的防护设施,包括拦石槽、拦石网及拦石墙等,避免爆渣抛掷的运动引起次生灾害。

5.1.2 崩塌滑坡灾害体的爆破地点与人员应保持一定的允许安全距离,避免造成人员伤害。

5.1.3 崩塌滑坡灾害爆破治理工程可能产生的有害效应(地震波、冲击波、个别飞散物等)对周围建(构)筑物和设备的影响应控制在安全范围内,不能满足时应做安全防护加固设计。

5.2 爆破落石冲击力

5.2.1 爆破落石的冲击力可根据现场调查确定,当无实际经验数据时可按出现的单个大块落石的质量进行计算。

5.2.2 单个落石的质量应根据调查确定,并了解母岩节理裂缝切割情况,考虑落石运动时经碰撞而质量变小的可能。

5.2.3 落石冲击力如图2,P值可按式(31)计算,Z可按式(32)计算。

$$P = 2\gamma Z [2\tan^4(45°+\varphi/2)-1]F \quad \cdots\cdots(31)$$

$$Z = v\sqrt{\frac{G}{2g\gamma F[2\tan^4(45°+\varphi/2)-1]}} \quad \cdots\cdots(32)$$

式中:

Z——碰撞的石块陷入深度,单位为米(m);
P——落石冲击力,单位为千牛[顿](kN);
G——石块重力,单位为千牛[顿](kN);
g——重力加速度,单位为米每二次方秒(m/s²);
γ——缓冲填土容重,单位为千牛[顿]每立方米(kN/m³);
φ——缓冲填土的内摩擦角,单位为度(°);

F——假定石块为球体的圆截面面积,单位为平方米(m²),由 $F=\pi\left(\frac{3G}{4\pi r}\right)^{\frac{2}{3}}$ 计算;

v——落石碰撞前的末段速度,单位为米每秒(m/s),宜调查或试验确定。

冲击力 P 作用到缓冲土层的扩散角可考虑为35°,以扩散角达到构造物上的宽度确定冲击力 P 的分布。

5.3 拦石槽

5.3.1 拦石槽的设计主要考虑爆渣抛掷距离、方向和体量大小。拦石槽的位置、长度、宽度和深度

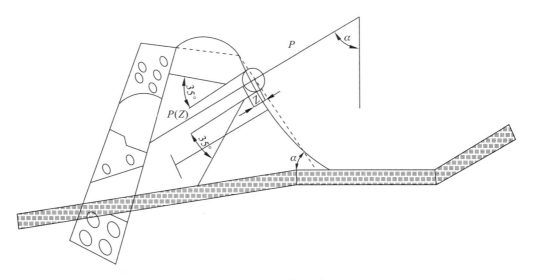

图 2 冲击力计算示意图

可通过现场调查确定。

5.3.2 拦石槽的位置和长度应根据现场地形、地质、水文等自然条件,结合排水、施工技术条件和现场建筑物的综合利用要求统筹考虑。

5.3.3 拦石槽的槽深和底宽应在现场调查或试验确定的基础上,槽深不小于最大爆渣岩块尺寸的2倍,槽底宽度不小于最大爆渣岩块尺寸的1.5倍,分别再加0.5 m和1.0 m安全值。

5.3.4 拦石槽横断面宜为倒梯形,槽底铺设不小于0.5 m厚的缓冲土层。

5.3.5 拦石槽的迎渣面应验算并满足强度和稳定性要求,当不满足要求时,应做加固措施设计。

5.4 拦石墙

5.4.1 拦石墙的设计应结合崩塌滑坡灾害治理后的用途和拦石量大小等因素计算确定其位置、长度、埋置深度、结构形式、厚度和高度等。

5.4.2 拦石墙的位置应结合现场情况,一般应设置于坡度小于35°的地势较为平缓且有一定宽度的地段。

5.4.3 拦石墙的长度应在现场调查和计算长度的基础上两端各增加不少于1.0 m的安全值。

5.4.4 拦石墙的埋置深度和结构形式可按公路挡土墙设计。

5.4.5 拦石墙的厚度和高度由爆渣飞石轨迹和爆渣冲击力确定,在现场调查和试验的基础上,高度值应增加不少于0.5 m的安全值。

5.4.6 拦石墙墙背应设缓冲层,并按公路挡土墙设计,墙背压力应考虑爆渣冲击荷载的影响。作为永久性结构时,拦石墙宜采用水泥砂浆砌片石或混凝土结构修筑。

5.4.7 拦石墙与拦石槽宜配合使用,设置位置可根据地形在横断面上合理布置。

5.4.8 在有足够用地宽度或横坡小于30°的缓坡地带,可用拦石堤代替拦石墙,拦石堤顶宽为2 m~3 m迎石坡面宜采用坡度为1∶0.75的干砌片石铺砌。

5.5 拦石网

5.5.1 拦石网的位置应结合现场情况,一般应设置于坡度大于35°的较陡地势、缺乏一定宽度的平台且不具备修建拦石墙的区域,宜考虑临时与永久性防护相结合,优先选用柔性网,整个系统应由钢绳网、减压环、支撑绳、钢柱和拉锚5个主要部分构成。

5.5.2 拦石网的设计应充分考虑爆渣抛掷速度大小和潜在威胁危害范围,计算确定拦石网的位置、长度、结构、分段和端头锚固等。在计算长度的两端宜加长 5 m～10 m 作为保护距离,当不便连续设置时,可分段布置,两段间重叠距离不小于 5 m,且不小于两段间距离,但不大于 10 m。

5.5.3 拦石网的高度、系统能级和平面位置等应充分考虑崩塌滑坡灾害爆破治理工程爆渣落石的运动速度、动能、运动形式、弹跳高度、运动轨迹和爆渣岩块尺寸大小等因素。系统高度应在计算最大弹跳高度的基础上加 1 m。拦石网系统能级应在计算最大冲击动能的基础上提高一个等级进行选用,岩块直径在 30 cm 内时可选用 250 kJ 能级;岩块直径在 30 cm～50 cm 时可选用 500 kJ 能级;岩块直径在 50 cm～100 cm 时可选用 750 kJ 能级;岩块直径超过 100 cm 应通过专家论证后确定能级。

5.5.4 拦石网柱间距宜为 5 m～10 m,当无特殊要求和条件限制时,宜选用 10 m 标准间距。

5.5.5 拦石网的柱基础和拉锚锚杆的固定形式可根据防护坡面的实际情况设计,当坡面基岩完整性较好时,可采用直接钻孔注浆锚固方式;其他情况可采用整体基础锚固或注浆加固后锚固形式。

5.5.6 其他未尽事宜可根据《铁路沿线斜坡柔性安全防护网》(TB/T 3089)和《公路边坡柔性防护系统构件》(JT/T 528)的有关规定执行。

5.6 崩塌滑坡灾害治理爆破有害效应的计算方法

崩塌滑坡灾害爆破治理工程爆破有害效应主要有爆破振动波、冲击波、个别飞散物等,应分别计算其安全允许距离。

5.6.1 爆破振动安全允许距离

爆破振动安全允许距离指被监测点的质点振动速度满足安全允许标准的爆破点与监测点之间的距离,可按式(33)计算。

$$R = \left(\frac{K}{v}\right)^{\frac{1}{\alpha}} Q^{\frac{1}{3}} \quad \cdots\cdots\cdots\cdots\cdots\cdots\cdots\cdots (33)$$

式中:
R——爆破振动安全允许距离,单位为米(m);
Q——炸药量,齐发爆破为总质量,延时爆破为最大单段药量,单位为千克(kg);
v——保护对象所在地安全允许质点振动速度,单位为厘米每秒(cm/s),一般保护对象其值可参考表9选取,有特殊要求的保护对象其值由相关管理单位确定;
α, K——与爆破点至保护对象间的地形、地质条件有关的系数和衰减指数,应通过现场试验确定;在无试验数据的条件下,可参考表10选取。

表 9 爆破振动安全允许质点振动速度标准

序号	保护对象类别	安全允许质点振动速度 v/cm·s^{-1}		
		$f \leqslant 10$ Hz	10 Hz$< f \leqslant 50$ Hz	$f >$ 50 Hz
1	土窑洞、土坯房、毛石房屋	0.15～0.45	0.45～0.90	0.90～1.50
2	一般民用建筑物	1.5～2.0	2.0～2.5	2.5～3.0
3	工业和商业建筑物	2.5～3.5	3.5～4.5	4.2～5.0

表 9 爆破振动安全允许标准(续)

序号	保护对象类别		安全允许质点振动速度 $v/\text{cm} \cdot \text{s}^{-1}$		
			$f \leqslant 10$ Hz	10 Hz$< f \leqslant 50$ Hz	$f > 50$ Hz
4	一般古建筑与古迹		0.1~0.2	0.2~0.3	0.3~0.5
5	运行中的水电站及发电厂中心控制室设备		0.5~0.6	0.6~0.7	0.7~0.9
6	水工隧洞		7~8	8~10	10~15
7	交通隧道		10~12	12~15	15~20
8	矿山巷道		15~18	18~25	20~30
9	永久性岩石高边坡		5~9	8~12	10~15
10	新浇大体积混凝土(C20)	龄期:初凝~3 d	1.5~2.0	2.0~2.5	2.5~3.0
		龄期:3 d~7 d	3.0~4.0	4.0~5.0	5.0~7.0
		龄期:7 d~28 d	7.0~8.0	8.0~10.0	10.0~12.0

注1:爆破振动监测应同时测定质点振动相互垂直的3个分量。
注2:表中质点振动速度为3个分量中的最大值,振动频率为主振频率。
注3:频率范围根据现场实测波形确定或按如下数据选取:硐室爆破 $f < 20$ Hz,露天深孔爆破 f 在 10 Hz~60 Hz 之间,露天浅孔爆破 f 在 40 Hz~100 Hz 之间;地下深孔爆破 f 在 30 Hz~100 Hz 之间,地下浅孔爆破 f 在 60 Hz~300 Hz 之间。

在按表9选定安全允许质点振速时,应认真分析以下影响因素:
a) 选取建筑物安全允许质点振速时,应综合考虑建筑物的重要性、建筑质量、新旧程度、自振频率、地基条件等;
b) 省级以上(含省级)重点保护古建筑与古迹的安全允许质点振速,应经专家论证后选取;
c) 选取隧道、巷道安全允许质点振速时,应综合考虑构筑物的重要性、围岩级别、支护状况、开挖跨度、埋深大小、爆源方向、周边环境等;
d) 永久性岩石高边坡,应综合考虑边坡的重要性、初始稳定性、支护状况、开挖高度等;
e) 非挡水新浇大体积混凝土的安全允许质点振速按本表给出的上限值选取。

表 10 爆区不同岩性的 K,α 值

岩性	K	α
坚硬岩石	50~150	1.3~1.5
中硬岩石	150~250	1.5~1.8
软岩石	250~350	1.8~2.0

5.6.2 爆破空气冲击波安全允许距离

5.6.2.1 在爆破设计时,药包在地面爆炸的空气冲击波对人员的最小安全距离 R 可按式(34)求出:

$$R = K\sqrt[3]{Q} \quad\quad\quad (34)$$

式中:
K——系数,有掩蔽体取值15;无掩蔽体取值30,露天地表爆破当一次爆破炸药量不超过 25 kg

时取值 25。

5.6.2.2 空气冲击波的危害遇有不同地形条件可适当增减。在狭谷地形进行爆破,沿沟的纵深或沟的出口方向应增大 50%～100%;在山坡一侧进行爆破对山后影响较小,在有利的地形条件下,可减小 30%～70%。

5.6.3 特殊工程需要在地表进行大当量爆炸时,应核算不同保护对象所承受的空气冲击波超压值,并确定相应的安全允许距离。在平坦地形条件下爆破时,可按式(35)核算计算超压。

$$14Q + 4.3RQ^{2/3} + 1.1R^2Q^{1/3} - R^3\Delta p = 0 \quad\quad\quad (35)$$

式中:

Δp——空气冲击波超压值($\times 10^5$ Pa),对不设防的非作业人员为 0.02×10^5 Pa,掩体中的作业人员为 0.1×10^5 Pa,冲击波对建筑物的破坏等级如表 11。

表 11 空气冲击波对建筑物的破坏等级

序号	建筑物破坏程度	空气冲击波超压值/×10⁵ Pa
1	砖混结构,完全破坏	>2.0
2	砖墙部分倒塌或开裂,土屋倒塌,土结构建筑物破坏	1.0～2.0
3	木结构梁柱倾斜,部分折断;砖木结构屋顶掀掉,墙面部分移动和开裂,土墙部分倒塌或开裂	0.5～1.0
4	木隔板墙破坏,屋顶面大部分掀掉,顶棚部分破坏	0.3～0.5
5	门窗破坏,玻璃破坏,屋顶面部分破坏	0.15～0.30
6	门窗破坏,玻璃破坏,屋顶面部分破坏,顶棚抹灰脱落	0.07～0.15
7	玻璃部分破坏,屋顶部分翻动,顶抹灰部分脱落	0.02～0.07

5.6.4 个别飞散物安全允许距离

5.6.4.1 一般工程爆破个别飞散物对人员的安全允许距离应按表 12 的规定。

5.6.4.2 个别飞散物对设备和建筑物的安全允许距离可参考表 12 的规定,当不能满足时必须采取相应的安全防护措施。

表 12 爆破个别飞散物对人员的安全允许距离

爆破类型和方法		安全允许距离/m
露天岩土爆破	浅孔爆破法破大块	300
	浅孔台阶爆破	200(复杂地质条件下或未形成台阶工作面时不小于 300)
	深孔台阶爆破	按设计,但不大于 200
城镇浅孔爆破及复杂环境深孔爆破		由设计确定
注:沿山坡爆破时,下坡方向的个别飞散物安全允许距离应增大 50%。		

5.7 爆破安全允许距离的确定

应按各种爆破有害效应(地震波、冲击波、个别飞散物等)分别确定爆破安全允许距离,并取其中的最大值。

计算确定爆破安全允许距离时,应充分考虑崩塌滑坡灾害治理爆破可能诱发的滑坡、滚石、雪崩、涌浪、爆堆滑移等次生灾害的影响,应扩大安全允许距离或针对具体情况划定附加的危险区。

5.8 其他要求

在复杂环境爆破时,须采取主动安全防护设计。

崩塌滑坡灾害爆破治理工程,尤其是多次爆破的情况,设计中应提出事故预防和应急处理措施。

6 爆破安全监测

6.1 一般规定

监测对象应包括灾害治理爆破点附近的房屋建筑物、道桥结构、水库水池及堤坝结构、烟囱、电力设施、文物、特殊建筑物、为灾害治理设置的拦石墙及拦石网结构和尚未爆破的灾害体等被保护建筑物。

监测点应设置在监测对象的变形或振动敏感区域内,当无法判断敏感区时应增加监测点。

崩塌滑坡灾害爆破治理的监测项目有质点振动速度、位移、裂缝宽度、应力、爆破冲击波速度、爆破噪声强度等;根据环境情况确定必测项目和选测项目,一般情况下必测项目为质点振动速度、位移、裂缝宽度,选测项目为应力、爆破冲击波强度、爆破噪声强度等。

6.2 资料收集

爆破安全监测方案的编制及监测数据的分析与判断需要以下资料:
a) 爆破治理前崩塌滑坡灾害体的有关监测记录资料;
b) 崩塌滑坡灾害体地质勘查报告(包含不良地质类型及分布);
c) 崩塌滑坡灾害体安全评估报告;
d) 崩塌滑坡灾害体发现或发展的相关专家咨询会议纪要;
e) 崩塌滑坡灾害体爆破治理设计人员的现场踏勘资料或报告;
f) 崩塌滑坡灾害体爆破治理设计文件。

6.3 监测内容

根据崩塌滑坡灾害体的特征和被保护对象等环境情况,监测应包括下列主要内容:
a) 对崩塌滑坡灾害体未爆破部分及爆破点附近被保护对象的代表点振动速度、位移及裂缝宽度监测;
b) 对拦石墙防护结构物的代表点位移及裂缝宽度监测;
c) 对拦石网防护结构物的代表点位移及应力监测;
d) 爆破空气冲击波监测;
e) 爆破噪声监测。

6.4 崩塌滑坡灾害体未爆破部分的监测

6.4.1 爆破振速监测点应设于相对稳定的部位,并能确保监测仪器的安全。

6.4.2 位移监测点的布置应与崩塌滑坡灾害体原有观测点考虑综合设置,并确保测点安全。

6.4.3 实施爆破后若发现崩塌滑坡灾害体出现新裂缝,应对新裂缝进行监测。

6.4.4 未爆破崩塌滑坡灾害体的爆破振速、位移和裂缝监测应符合表13要求。

6.4.5 各监测量的预警标准按下列采用:
   a) 位移和裂缝宽度的变化速率超过 0.5 mm/d;
   b) 实施爆破后的总位移超过 2 cm;
   c) 质点最大振速超过 8 cm/s。

表13 未爆破崩塌滑坡灾害体爆破振速、位移和裂缝监测方法及监测频率

序号	项目名称	监测仪器	布置	测试精度	量测间隔时间(可据工期调整)			
					1 d~15 d	16 d~1个月	1~3个月	大于3个月
1	测点位移	全站仪或其他非接触量测仪器	典型的代表点	0.1 mm	2次/d~5次/d	1次/d	1次/周~2次/周	1次/月~3次/月
2	裂缝宽度	钢尺、全站仪或其他非接触量测仪器	观察到的开裂部位		2次/d~5次/d	1次/d	1次/周~2次/周	1次/月~3次/月
3	爆破振速	爆破测振仪	代表点	±4%量程	每次爆破监测			

6.5 对周围被保护对象的监测

6.5.1 被保护对象爆破振速的监测点应设置于被保护对象的基础或结构的代表点上,爆破振动安全允许值应符合表9的规定。

6.5.2 位移监测点应设置于被保护对象的基础或结构上,观测其沉降和水平位移,观测仪器、观测方法和观测频率应符合表14的要求。

表14 被保护物的位移和裂缝监测方法及监测频率

序号	项目名称	监测仪器	布置	测试精度	量测间隔时间(可据工期调整)			
					1 d~15 d	16 d~1个月	1~3个月	大于3个月
1	测点位移	全站仪	基础或主结构代表点	0.1 mm	1次/d~2次/d	1次/d	1次/周~2次/周	1次/月~3次/月
2	裂缝宽度	钢尺、全站仪	观察到的建筑物开裂部位		1次/d~3次/d	1次/d	1次/周~2次/周	1次/月~3次/月
3	爆破振速	爆破测振仪	代表点	±4%量程	每次爆破监测			

6.5.3 爆破前检查被保护对象的裂缝情况,对已经开裂部位设置代表观测点,而对爆破后发现的新增裂缝,选择代表位置设置新的观测点;裂缝监测仪器、监测方法和监测频率应符合表14的要求。

6.5.4 位移和裂缝宽度的预警标准按下列采用:
   a) 保护对象的位移和裂缝宽度的变化速率超过 0.2 mm/d;

b) 实施爆破后的总位移超过 2 mm；
c) 裂缝宽度超过 1 mm；
d) 质点振动速度超过表 9 所列的最大值。

6.5.5 对特殊保护对象的控制标准应按有物权单位参与的专家论证会意见执行。

6.6 对拦石网防护结构物的监测

6.6.1 监测点应设置在锚固区及网索受力最大区域，宜监测网索应力，监测仪器、监测方法和监测频率应符合表 15 要求。

6.6.2 预警标准值取网索的应力安全系数不足 1.2。

表 15 拦石网的监测仪器、监测方法及监测频率

项目名称	监测仪器	布置	测试精度	量测间隔时间（可据工期调整）			
				1 d～15 d	16 d～1 个月	1～3 个月	大于 3 个月
拦石网应力	索力计、应变测试仪	网索代表点	1 kPa	1 次/d～2 次/d	1 次/d	1 次/周～2 次/周	1 次/月～3 次/月

6.7 对拦石墙防护结构物的监测

6.7.1 监测点应设置在墙顶和墙底部位，若发现裂缝，则应监测裂缝宽度；监测仪器、监测方法和监测频率应符合表 16 的要求。

6.7.2 各监测量的预警标准按下列采用：
a) 位移和裂缝宽度的变化速率超过 0.2 mm/d；
b) 总位移超过 1 cm；
c) 裂缝宽度超过 1 mm；
d) 应力超过 0.5 MPa。

表 16 拦石墙的监测仪器、监测方法及监测频率

序号	项目名称	监测仪器	布置	测试精度	量测间隔时间（可据工期调整）			
					1 d～15 d	16 d～1 个月	1～3 个月	大于 3 个月
1	拦石墙位移	全站仪	墙顶及墙底代表点	0.1 mm	1 次/d～2 次/d	1 次/d	1 次/周～2 次/周	1 次/月～3 次/月
2	裂缝宽度	裂缝观测仪	开裂位置代表点	0.1 mm	1 次/d～2 次/d	1 次/d	1 次/周～2 次/周	1 次/月～3 次/月
3	拦石墙应力	应变测试仪	墙顶及墙底代表点	1 kPa	1 次/d～2 次/d	1 次/d	1 次/周～2 次/周	1 次/月～3 次/月

6.8 爆破冲击波监测

6.8.1 崩塌滑坡灾害体爆破治理施工期间宜对爆破冲击波进行监测，监测点应选择在居民住宅建筑或重要敏感设施的代表位置，用爆破冲击波监测仪进行监测。

6.8.2 空气冲击波超压的安全允许标准按下列取用：
   a) 对不设防的非作业人员不超过 2 kPa；
   b) 对掩体中的作业人员不超过 10 kPa；
   c) 爆破空气冲击波对建筑物的安全允许距离根据《爆破安全规程》(GB 6722)结合建筑物破坏程度与超压的关系确定。

6.9 爆破引起的噪声监测

6.9.1 爆破施工期间宜对爆破噪声进行监测，监测点宜布置在敏感建筑物附近和敏感建筑物室内，用爆破噪声智能监测仪进行监测。

6.9.2 爆破噪声控制标准不超过表 17 所列的控制值。

表 17 爆破噪声控制标准

声环境功能对应区域	不同时段控制标准/dB(A)	
	昼间	夜间
康复疗养区、有重病号的医疗卫生区或生活区，进入冬眠期的养殖动物区	65	55
居民住宅、一般医疗卫生、文化教育、科研设计、行政办公为主要功能，需要保持安静的区域	90	70
以商业金融、集市贸易为主要功能，或者居住、商业、工业混杂，需要维护住宅安静的区域；噪声敏感动物集中养殖区，如养鸡场等	100	80
以工业生产、仓储物流为主要功能，需要防止工业噪声对周围环境产生严重影响的区域	110	85
人员警戒边界，非噪声敏感动物集中养殖区，如养猪场等	120	90
矿山、水利、交通、铁道、基建工程和爆炸加工的施工作业区内	125	110

6.10 监测数据分析与反馈

6.10.1 爆破振动监测数据应于爆破后 6 h 内分析和判断数据是否超出预警值的范围，对超标数据应提出预警报告。

6.10.2 位移和裂缝监测数据应通过时程变化曲线分析和判断是否达到预警值，启动应急预案。

6.10.3 监测数据应以日报、周报和月报的形式提交给业主、监理和施工等各方，项目完成提交总报告。

附 录 A
（规范性附录）
电力起爆网路电阻计算、流经每发雷管电阻计算及电力起爆网路联接示意图

A.1 串联电爆网路（图 A.1）

A.1.1 电阻按式（A.1）计算。

$$R = R_1 + R_2 + mr \quad\quad\quad (A.1)$$

A.1.2 经每个电雷管的电流按式（A.2）计算。

$$i = I = \frac{U}{r_0 + R_1 + R_2 + mr} \quad\quad\quad (A.2)$$

A.2 并联电爆网路（图 A.2）

A.2.1 电阻按式（A.3）式计算。

$$R = R_1 + \frac{R_2 + r}{n} \quad\quad\quad (A.3)$$

A.2.2 流经每个电雷管的电流按式（A.4）计算。

$$i = \frac{I}{n} = \frac{U}{n(r_0 + R)} = \frac{U}{nr_0 + nR_1 + R_2 + r} \quad\quad\quad (A.4)$$

A.3 串并联电爆网路（图 A.3）

A.3.1 电阻按式（A.5）计算。

$$R = R_1 + R_2 + \frac{Mr}{n} \quad\quad\quad (A.5)$$

A.3.2 流经每个电雷管的电流按式（A.6）计算。

$$i = \frac{I}{n} = \frac{U}{n(r_0 + R)} = \frac{U}{nr_0 + nR_1 + nR_2 + Mr} \quad\quad\quad (A.6)$$

A.4 并串联电爆网路（图 A.4）

A.4.1 电阻按式（A.7）计算。

$$R = R_1 + \frac{1}{N}(R_2 + mr) \quad\quad\quad (A.7)$$

A.4.2 流经每个电雷管的电流按式（A.8）计算。

$$i = \frac{I}{N} = \frac{I}{N(r_0 + R)} = \frac{U}{Nr_0 + NR_1 + R_2 + mr} \quad\quad\quad (A.8)$$

A.5 并串并联电爆网路（图 A.5）

A.5.1 电阻按式（A.9）计算。

$$R = R_1 + \frac{1}{N}\left(R_2 + \frac{Mr}{n}\right) \quad\quad\quad (A.9)$$

A.5.2 流经每个电雷管的电流按式（A.10）计算。

$$i = \frac{I}{Nn} = \frac{I}{Nn(r_0+R)} = \frac{U}{Nnr_0 + NnR_1 + nR_2 + Mr} \quad \cdots\cdots\cdots\cdots (A.10)$$

以上各式中，各参数分别为：

R——电爆网路总电阻，单位为欧[姆]（Ω）；

R_1——主线电阻，单位为欧[姆]（Ω）；

R_2——端线、联接线、区域线的合电阻或每条并联支路中连接线的合电阻，单位为欧[姆]（Ω）；

m——串联电雷管个数，单位为个；

M——串联的并联电雷管的组数，单位为组；

n——并联电雷管个数，单位为个；

N——并联的支路数（不计差别），单位为个；

r——每发电雷管电阻（不计差别），单位为欧[姆]（Ω）；

r_0——起爆电源内阻，单位为欧[姆]（Ω）；

i——通过每个电雷管的电流，单位为安[培]（A）；

I——网路总电流（流经网路主线的电流），单位为安[培]（A）；

U——起爆电源的电压，单位为伏[特]（V）。

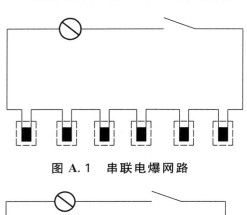

图 A.1 串联电爆网路

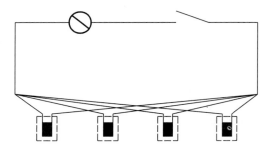

图 A.2 并联电爆网路

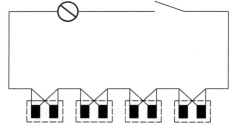

图 A.3 串并联电爆网路

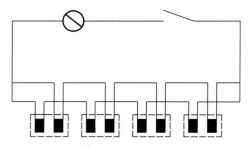

图 A.4 并串联电爆网路

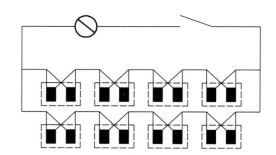

图 A.5 并串并联电爆网路

附 录 B
（规范性附录）
导爆索起爆网路

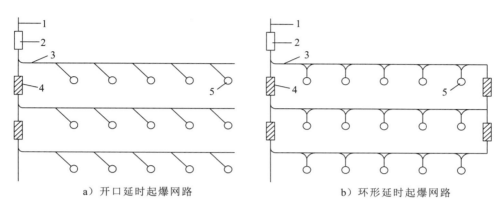

a) 开口延时起爆网路　　　　　　b) 环形延时起爆网路

说明：
1——主导爆索；
2——起爆雷管；
3——支导爆索；
4——导爆索继爆管；
5——炮孔

图 B.1　导爆索起爆网路

附 录 C
（规范性附录）
导爆管起爆网路

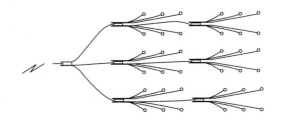

图 C.1 导爆管接力起爆网路示意图

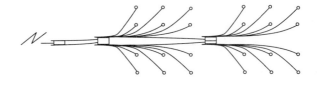

图 C.2 导爆管复式接力起爆网路示意图

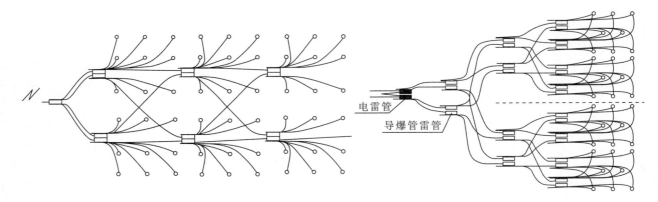

图 C.3 导爆管交叉复式接力起爆网路示意图　　图 C.4 导爆管双复式交叉接力起爆网路示意图

附 录 D
（规范性附录）
工业数码电子雷管起爆网路

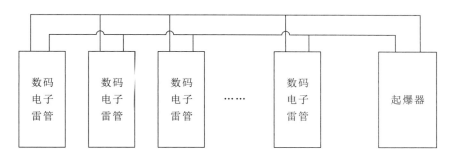

图 D.1 工业数码电子雷管数量少于起爆器允许起爆值时网路连接图

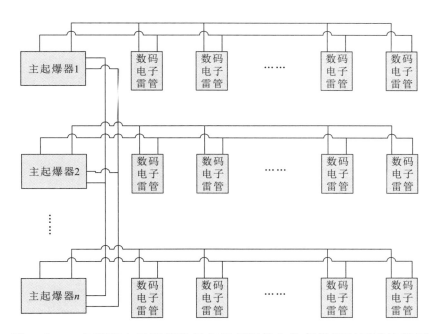

图 D.2 工业数码电子雷管数量多于起爆器允许起爆值时网路连接图

附 录 E
（规范性附录）
无线系统起爆网路

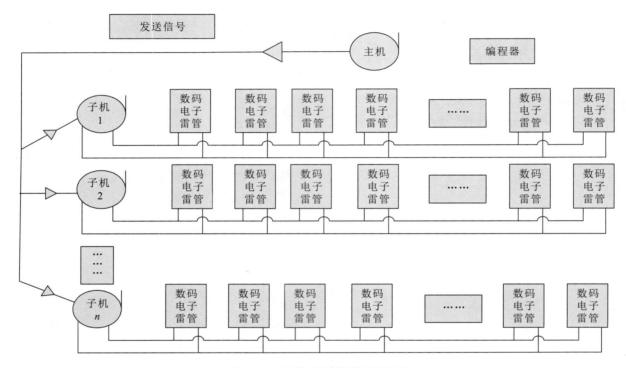

图 E.1 无线系统起爆网路图